爱上数学3

·加法和减法 1·

U0243042

第一天上幼儿园

〔韩〕安善模 / 著　〔韩〕黄圣惠 / 绘　刘娟 / 译

云南出版集团　晨光出版社

马克的书包装满了五颜六色的风车。

全部的风车加起来共有 15 个，其中绿色的风车数量最多，有 4 个。

那么红色的风车和黄色的风车，一共有多少个呢？

首先，我们数一数红色的风车和黄色的风车各有多少个吧。

　　"妈妈，我好害怕呀！"小龙马克站在高耸的悬崖绝壁上，不停地颤抖着。

　　妈妈轻轻地握住马克的手，鼓励他："马克呀，你试着像妈妈这样，用力地扇动翅膀，就可以飞啦。"

　　"不行！我好像要掉下去了！"马克紧紧抓住妈妈的手，一下也不敢松开。

　　"唉，你这么害怕可怎么办呀？"看到马克的样子，爸爸长叹了一口气。

"马克呀，要不你试着喷一次火吧？像爸爸这样，先肚子用力，再长长地吐一口气。"

马克严格按照爸爸说的，认真做了一遍。

　　然而，只有一束微弱的火苗从马克的嘴里跑出来。

　　"我做不到，我不会喷火，只能发出奇怪的声音。"马克深深低下了头，非常自责。

　　"没关系的，多练习几次就没问题啦。"

　　"不要，我不要！我真的做不到。"

　　妈妈和爸爸看到小马克难受的样子，担心极了。因为几天后，马克就要去上幼儿园了。

今天是马克第一天去幼儿园的日子，也是马克的 4 岁生日。

"我亲爱的马克，祝你生日快乐！"

爸爸和妈妈很开心，亲了好几次马克的小脸蛋。

但是，马克看起来却不是那么开心。

"既然今天是我的生日，那我能不能不去幼儿园呀？"

"那可不行，马克。要不，妈妈给你带几个好吃的苹果吧，除了你要吃的 1 个，妈妈再多给你 2 个，到幼儿园你可以和小朋友们一起分着吃。"

说着，妈妈就把 3 个苹果放在了马克的书包里。

就这样，无精打采的马克磨磨蹭蹭地来到了幼儿园。

刚走进教室，老师就很热情地欢迎了他。

"你好呀，马克。我是你的数学老师。"

马克有点儿害羞，不敢看老师的眼睛。

"你好！我的名字是提拉，你叫什么名字呢？"

即便是同桌提拉主动跟他打招呼，马克也没有回应。

"我这是怎么了？"马克不喜欢这么害羞的自己，但又不知道该怎么办。

犹豫了很长时间，马克终于艰难地开口了："那个……提……拉，你喜欢吃苹果吗？"

"当然喜欢啦，我最喜欢的水果就是苹果了！"

马克赶紧从书包里拿出 1 个苹果，递给了提拉。就这样，一共 3 个苹果，送给同桌 1 个，还剩下 2 个。

虽然苹果变少了，但是马克的心情却好得都要飞起来了。

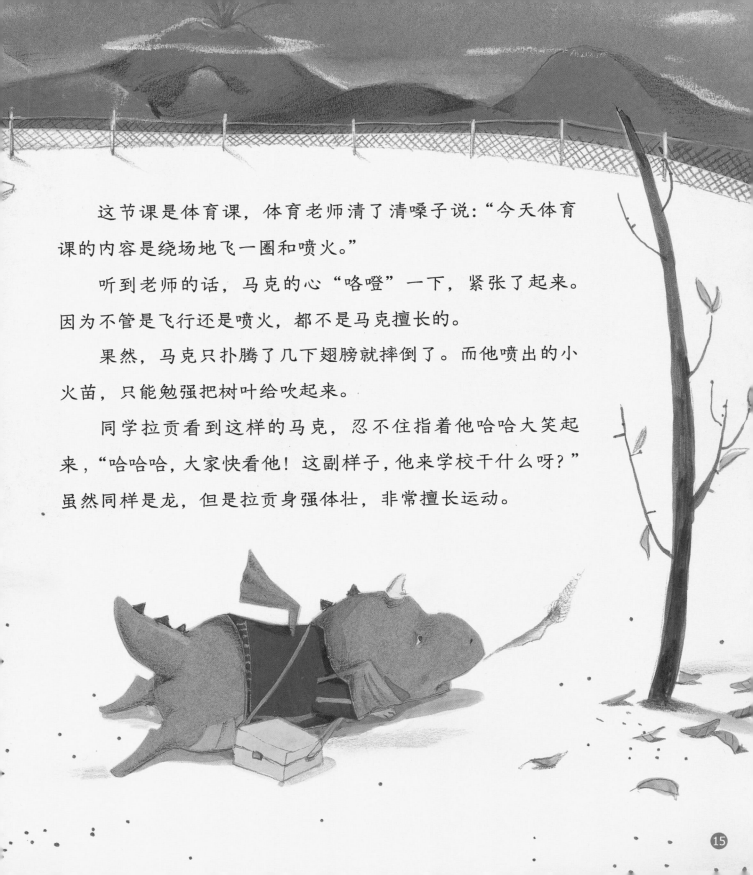

这节课是体育课，体育老师清了清嗓子说："今天体育课的内容是绕场地飞一圈和喷火。"

听到老师的话，马克的心"咯噔"一下，紧张了起来。因为不管是飞行还是喷火，都不是马克擅长的。

果然，马克只扑腾了几下翅膀就摔倒了。而他喷出的小火苗，只能勉强把树叶给吹起来。

同学拉贡看到这样的马克，忍不住指着他哈哈大笑起来，"哈哈哈，大家快看他！这副样子，他来学校干什么呀？"虽然同样是龙，但是拉贡身强体壮，非常擅长运动。

　　委屈的马克蜷在一个小角落里，忍不住低声抽泣起来。

　　这时，小伙伴们都在兴致勃勃地展示各自飞翔和喷火的本领。就连他的同桌提拉，都伸展着小翅膀，自在地在天空打转。

　　马克羡慕地看着他们，"为什么就只有我不会飞，也不会喷火呢？难道我不是真正的龙吗？"想到这里，马克的泪珠大颗大颗地滚落下来。

正在这时，不知是谁走过来，把手搭在了马克的肩膀上。

马克吓了一跳，回头看去，原来是体育老师。

"在这个世界上，所有的龙都是各不相同的。马克，你只不过比其他小伙伴稍微慢那么一点儿而已。"老师一边说着，一边给了马克一个温暖的拥抱。

"老师，谢谢您。"说完，马克想起了书包里的苹果。他赶紧掏出 1 个苹果送给了老师。

就这样，2 个苹果只剩下 1 个了。但是，马克一点儿也不心疼。

"这节课，我们学习制作风车。大家比一比，看看谁做的最好呢？"老师边给小朋友们分彩纸，边说道。

听到老师的话，马克暗暗高兴。因为，他非常擅长手工类的活动。

没过多久，他的同桌提拉就大喊起来："哇，马克，你做的风车真好看啊！"

听到提拉的声音，小伙伴们都围在了马克的身旁。

马克得意地耸了耸肩，开心极了。

马克一口气做了 7 个风车。5 个绿色的，2 个蓝色的，加起来一共 7 个。

这时候，之前嘲笑过马克的拉贡，仍在吭哧吭哧地和彩纸做斗争呢。他一个风车都没做好。

"看来拉贡也只是身体好而已，他连风车都做不好！"虽然只是小伙伴的低声耳语，但马克还是听到了。

看着手足无措的拉贡，马克就像看到了体育课上的自己。于是，马克走到拉贡面前，递给他 1 个绿色的风车。"来，这个给你。"

就这样，马克原本的 7 个风车，变成了 6 个。

拉贡有点儿不好意思，但还是紧紧握住了风车："马克，非常谢谢你。刚才在体育课上，我不该嘲笑你，对不起。"拉贡的真诚打动了马克。

　　马克开心地笑起来，他一边从书包掏苹果一边说："没关系。这个苹果送给你。"

　　现在马克 1 个苹果都没了。但是，马克的心里比吃了苹果还要甜。

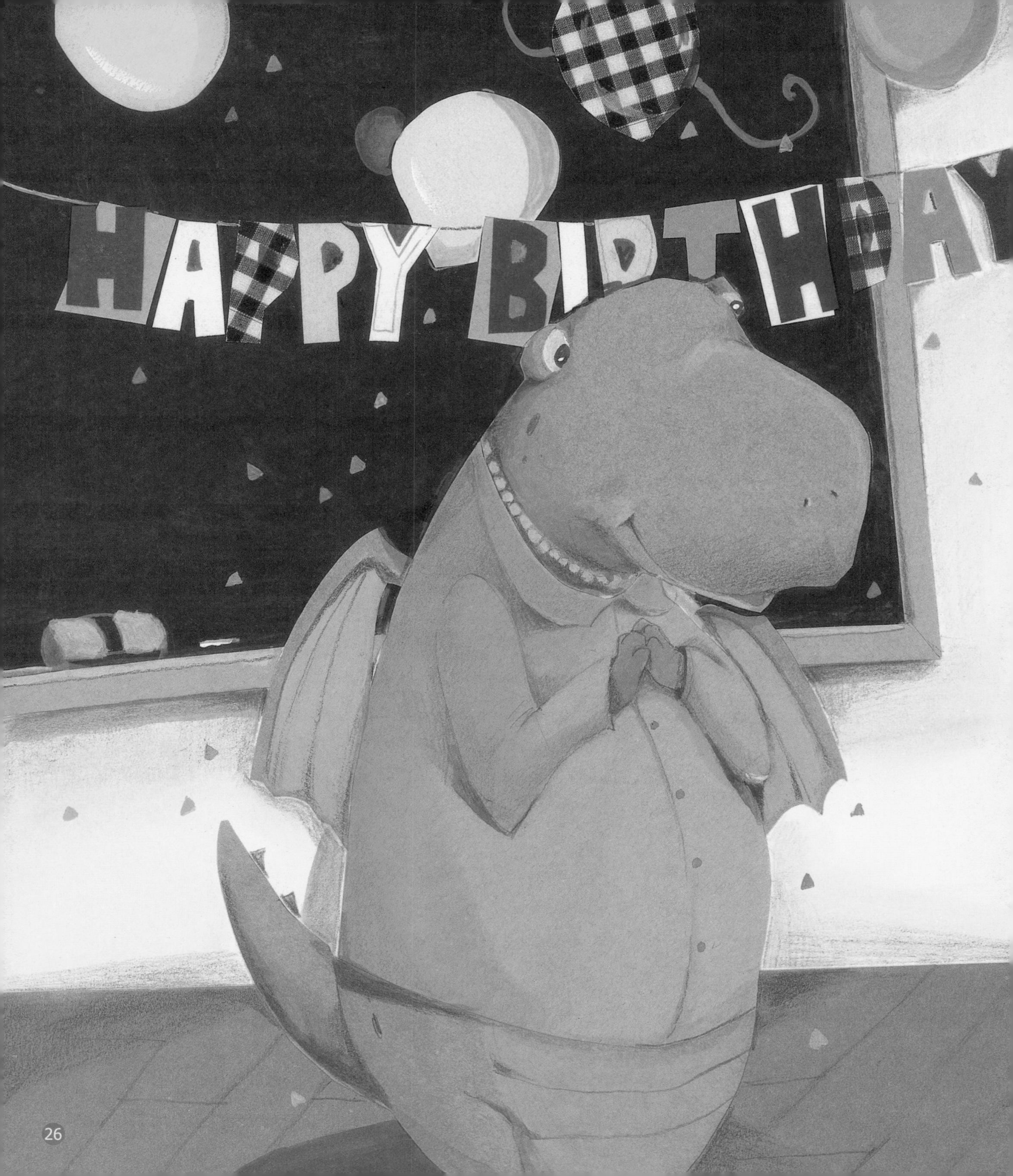
HAPPY BIRTHDAY

这时，老师让大家静一静，说道："同学们，今天是马克的生日。我们祝他生日快乐吧！"

"哇，祝你生日快乐，马克！"提拉把手里的2个黄色的风车送给了马克。

这时候，马克有8个风车了。

拉贡不好意思地拿出自己做的那 2 个歪歪扭扭的风车，"那个……这是我第一次做风车，都送给你吧。"

　　就这样，马克的风车变成了 10 个。

　　其他小朋友也陆续走了过来，每人给了马克 1 个风车，马克高兴坏了。

于是，马克的风车从 10 个变成了 11 个，又变成了 12 个……现在，马克一共有 15 个风车了。

马克特别感动，眼泪都快掉下来了。

此刻，他想和大家说点儿什么。马克鼓起勇气走向
同学们，说道："朋……朋友们啊！谢……谢你们……"
话还没说完，他忽然剧烈地咳嗽起来。

"咳咳！"

忽然，马克的嘴里喷出了一束鲜红的火焰。

老师和小朋友们都忍不住为他欢呼起来——
马克终于可以喷出火焰了！

不知不觉，到了放学的时间。

马克把同学们送的风车都装进了书包里。

但是，不知怎么回事，马克的翅膀底下好像总是有点儿痒痒的。

马克抱着试一试的心态，努力把翅膀展开，一用力，扑棱扑棱，扑棱扑棱。

马克飞了起来！他插在书包上的风车，也随风转了起来。

"哇，马克，你现在可以飞啦！"远处传来提拉的声音。

马克乘着风，用力伸展着翅膀，心想："今天可是我长这么大过的最棒的一次生日啦！"

让我们跟马克一起回顾一下前面的故事吧!

我是小龙马克,我比较害羞,很少主动和别人说话。今天我把妈妈给的 3 个苹果,分别送给了提拉、老师和拉贡。在和同学们交流的过程中,我慢慢敞开了心扉。虽然最后我一个苹果都没吃到,但是很开心。而且,朋友们还把风车送给我当作生日礼物。本来我自己有 6 个风车,后来慢慢增加,最终变成了 15 个。这么一来,可以说,我们通过苹果和风车,进行了减法和加法的运算。

现在,让我们进一步学习一下加法和减法吧。

数学面对面

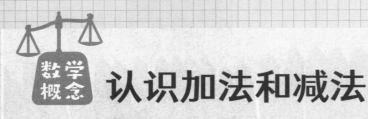

认识加法和减法

把两个或两个以上的数量合在一起，就是加法；从一个数中，减去一个数被称为减法。可以说加法和减法的使用，在我们的日常生活中非常普遍。

树上停着 4 只麻雀，又飞来了 2 只。同时，池塘里原本有 7 只青蛙，后来有 3 只青蛙跳走了。那么我们该如何计算出，树枝上有几只麻雀，池塘里还有几只青蛙呢？

首先我们来认识一下，进行加法和减法计算时，要用到的两个符号。"+"在加法计算时使用，读作"加"；"−"在减法计算时使用，读作"减"。

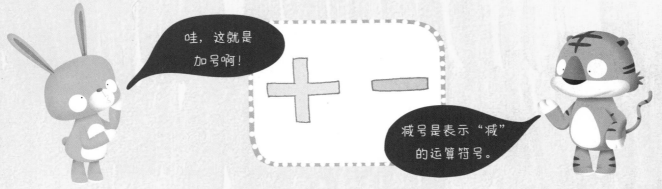

哇，这就是加号啊！

减号是表示"减"的运算符号。

现在来算算左侧图中麻雀和青蛙的个数吧。树枝上本来停着 4 只麻雀，后来又飞来了 2 只。

用算式表示，就是 4+2=6，读作"4 加 2 等于 6"。

池塘里原本有 7 只青蛙，后来有 3 只跳走了。

用算式表示，就是 7−3=4，读作"7 减 3 等于 4"。

现在，我们来学习一下两位数和一位数的加法与减法。比如，13+6 等于多少？

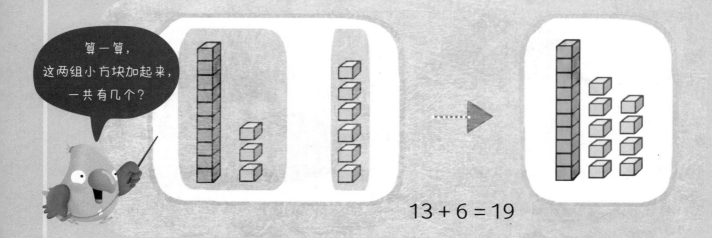

算一算，这两组小方块加起来，一共有几个？

$$13 + 6 = 19$$

想要求出这两个数的和，我们借助上图的小方块来演示，13 个小方块加 6 个，最终得到 19 个小方块。如果用算式来表示的话，即 13+6=19。

加法看过了，我们来算一下 28-5 吧。

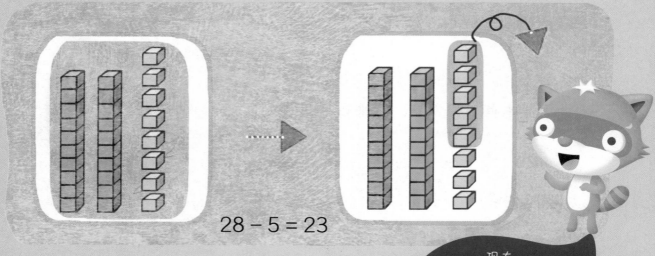

$$28 - 5 = 23$$

根据上图演示，我们可以看到 28 减去 5，最终得 23。如果用算式来表示的话，即 28-5=23。

现在，不管是加法还是减法，我都有信心可以做对啦！

前面我们学习了如何计算加法和减法。其实，加法和减法不仅可以用横式计算，还可以用竖式来计算。竖式一定要从个位开始算起，同时要从个位开始按照位数依次计算。尤其是计算数值比较大的数字，用竖式计算会更方便一些。

加法

$$
\begin{array}{r}
1\,3 \\
+\quad 6 \\
\hline
1\,9
\end{array}
$$

减法

$$
\begin{array}{r}
2\,8 \\
-\quad 5 \\
\hline
2\,3
\end{array}
$$

加法和减法之间是什么关系？

加法和减法关系密切，二者互为逆运算。举个例子，在森林里，有3只雄鹿和2只雌鹿。如果用加法来表示鹿的数量，那就是3+2=5，即鹿的数量一共是5只。那么如果我们不知道雌鹿的具体个数，只知道鹿的总量和雄鹿的个数，该怎么办呢？在鹿的总数中，减去雄鹿的个数就可以了。即5-3=2，从中得出雌鹿的个数是2。

生活中的加法和减法

　　不管是加法还是减法，其用途绝不只局限于数学领域。那么，现在我们就来了解下，日常生活中随处可见的加法和减法吧。

📖 文化

投壶游戏

　　投壶是古代士大夫宴饮时做的一种投掷游戏，也是一种礼仪。在战国时期较为盛行，尤其是在唐朝得到了发扬光大。投壶是把箭向壶里投，游戏结束后，把壶内的箭相加，投中次数最多的人，获得胜利。所以，人们在玩投壶游戏的时候，自然而然就开始进行加法计算了。

🧪 科学

温度的不同变化

　　在两个量杯中，分别放入沙子和水，放置在光照充足的地方，并且隔一段时间测量一次两个杯子的温度差异。观察一天内的温度变化后发现，装沙子的量杯内温度最高时约为 30℃，温度最低时约为 11℃。而装水的量杯内温度最高时约为 15℃，最低时约为 10℃。比较两个量杯的温度，发现最高温度相差约 15℃，而最低温度相差约 1℃。由此可见，同一条件下，沙子与水相比，温度的变化更明显。

📖 文学

不变的稻捆

　　有这么一个故事，村里有一对兄弟感情很深，彼此都很关心对方。连续几天，兄弟俩都悄悄地把等量的稻捆背到对方家中。就这样，每天早上，兄弟二人看到自己家的稻捆数量没有任何变化，都会大吃一惊。因为，他们只想到自己把稻谷送给对方，但是完全没想到对方也会给自己送来稻谷。在这个小故事中，就蕴含着加法和减法。因为自己运走的稻谷数量，和对方送来的数量一致，所以最终剩余的稻捆数量一直保持不变。例如：家中共有 5 捆稻谷，哥哥把其中的 2 捆给了弟弟，当天晚上弟弟又悄悄给哥哥送来了 2 捆。这样一来，哥哥的稻谷数量就又变回 5 捆。

🪢 体育

棒球运动

　　棒球是一项球类运动。比赛双方各有 9 名队员，双方轮流进行 9 次攻击和防守，比赛过程中取得更多分数的一方获得胜利。在棒球比赛中，同样蕴含着加法的计算。击球手在投球后，依次跨过 3 垒，再回到本垒的话就会得 1 分，将每一个回合得到的分数相加，就可以分出胜负了。如果 3 名投手全部出局，这时候就要进行攻守交换，然后再进行比赛。但是，如果到第五个回合，分数差在 10 分以上，或者到第七个回合比赛结束后，分数差异在 7 分以上时，就无需将比赛持续到第九个回合，即可"提前结束比赛"定出胜负了。

趣味小游戏1 转动风车

　　马克有很多风车，他把风车拿出来和同学们做加法减法的游戏。请小朋友们仔细观察下面的图画，找出说法正确的同学并圈出来。

红色风车和蓝色风车加一起，一共是12个。

蓝色风车比红色风车数量多1个。

所有风车相加，一共是17个。

好吃的零食

盘子里放了很多好吃的零食。请小朋友们仔细观察下图，找出加法或者减法的正确答案并涂色。

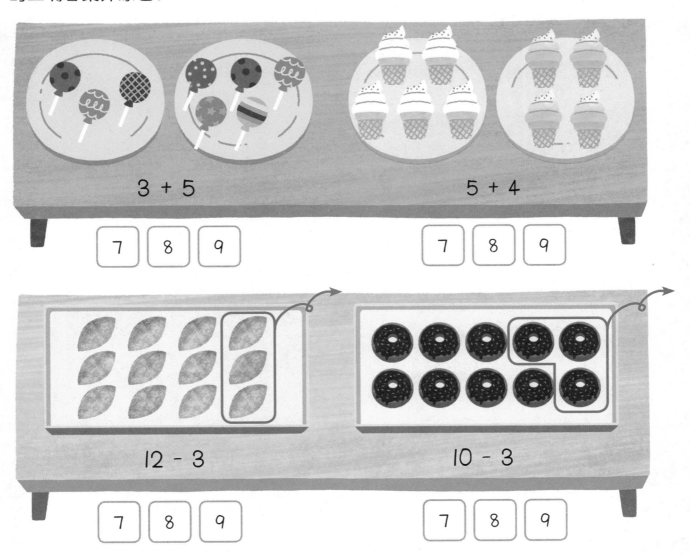

3 + 5

| 7 | 8 | 9 |

5 + 4

| 7 | 8 | 9 |

12 - 3

| 7 | 8 | 9 |

10 - 3

| 7 | 8 | 9 |

马克喜欢的数字

计算火焰山上的加法和减法算式，最后得出的答案，就是马克喜欢的数字啦。小朋友们可以沿着黑色实线剪下页面底部的小方块辅助计算。将计算得出的结果，写在马克喷出的火焰上面。

马克带着送给老师的礼物，出发去学校了。请根据"下一步的计算结果比上一步的大"这一线索，帮助马克找到去学校的路吧。

还剩几个苹果

马克的妈妈一共买了 30 个苹果。请小朋友们参考星期一的示例，在盘子里划掉每天苹果减少的个数，并在便签纸的 ☐ 内写出当天剩余的苹果数量。这样一来，我们就能知道一周会减少几个苹果，以及剩下几个苹果啦。

星期一
爸爸把苹果当零食，
吃了 3 个。
剩余苹果：**27** 个

星期二
马克把苹果当零食，
吃了 2 个。
剩余苹果：☐ 个

星期三
做苹果派用了
5 个苹果。
剩余苹果：☐ 个

星期四
榨苹果汁用了
1 个苹果。
剩余苹果：☐ 个

星期五
制作苹果酱用了
4 个苹果。
剩余苹果：☐ 个

星期六
全家人出去郊游，
吃了 2 个苹果。
剩余苹果：☐ 个

星期日
制作苹果醋用了
6 个苹果。
剩余苹果：☐ 个

一周内，一共减少了 ☐ 个苹果，剩下的苹果一共有 ☐ 个。

看图列式

阿虎根据图片和算式，给出了与图片内容相符的题目。读完小兔的话后，像阿虎那样，尝试着给出一道完整的题目吧。

奶奶从柿子树上摘了 6 个柿子。小孙子又给了奶奶 7 个柿子，那么现在奶奶一共有几个柿子呢？

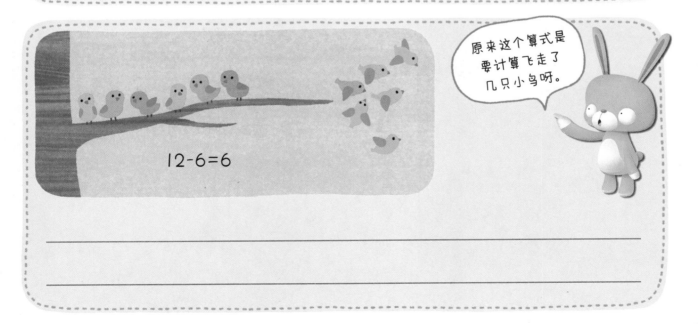

_____

_____

参考答案

42~43 页

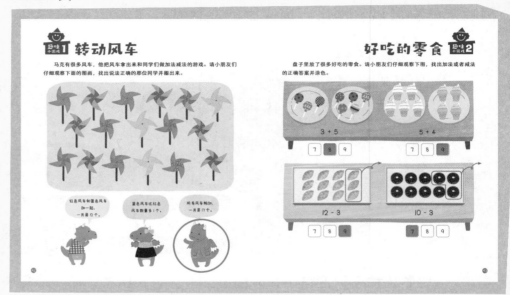

44~45 页

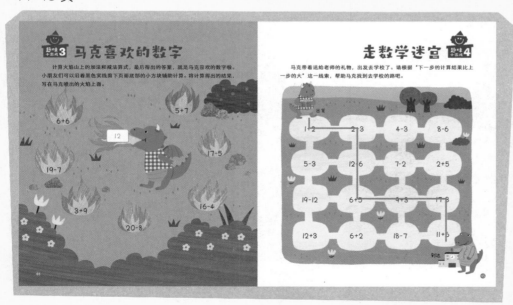